GEORGES RÉVOII

FAUNE ET FLORE

DES

PAYS ÇOMALIS

(AFRIQUE ORIENTALE).

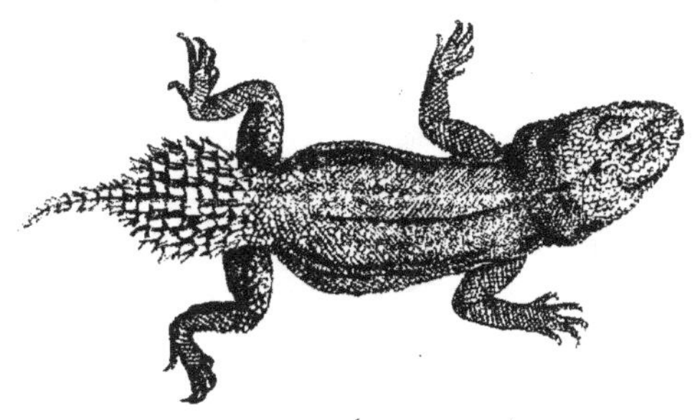

PARIS

CHALLAMEL AINÉ, ÉDITEUR, 5, RUE JACOB.

1882

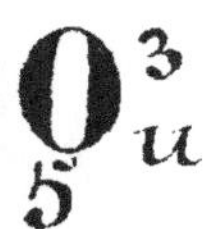

FAUNE ET FLORE

DES

PAYS ÇOMALIS

(AFRIQUE ORIENTALE.)

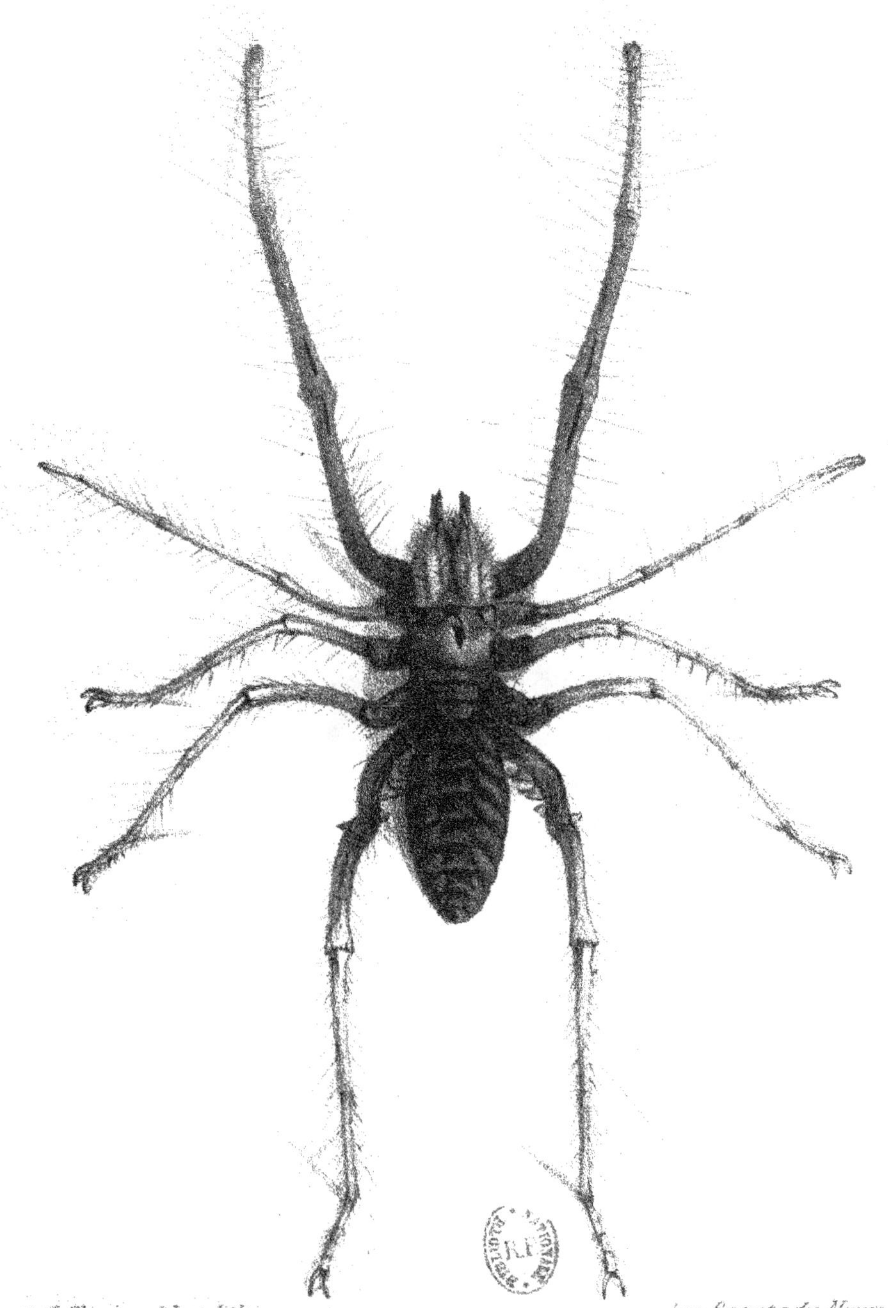

J. Terrier del. et lith.   Imp. Becquet r. des Noyers. 57.

Galéodes Græca. Blanch.

GEORGES RÉVOIL

FAUNE ET FLORE

DES

PAYS ÇOMALIS

(AFRIQUE ORIENTALE)

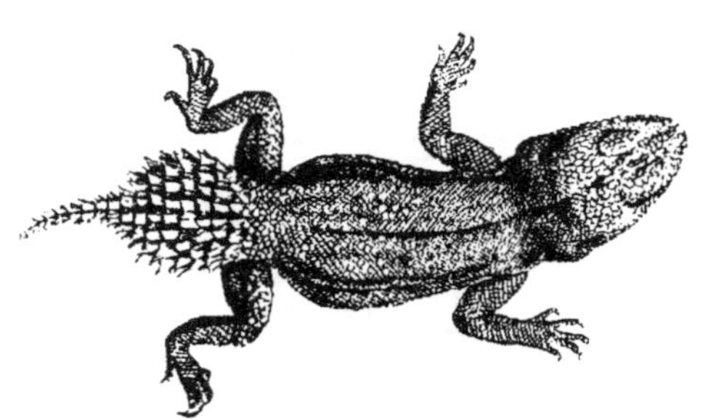

PARIS

CHALLAMEL AÎNÉ, ÉDITEUR, 5, RUE JACOB.

1882

A

MONSIEUR ALFRED RABAUD,

PRÉSIDENT DE LA SOCIÉTÉ DE GÉOGRAPHIE DE MARSEILLE.

A vous, mon cher Monsieur, qui m'avez honoré de tant de bienveillance et qui m'avez entouré de tant d'affectueuse sollicitude, je dédie ce volume où sont consignés les résultats scientifiques de mon voyage, en témoignage de ma profonde gratitude et de mon respectueux dévouement,

GEORGES RÉVOIL.

AVANT-PROPOS

Au retour de la mission dans les pays Çomalis,
dont m'avait chargé le Ministère de l'Instruction
publique, j'ai soumis au Muséum d'histoire natu-
relle toutes les collections que j'avais pu recueillir
pendant le cours de mon voyage.

Beaucoup d'espèces dans chaque branche de mes
recherches étaient nouvelles, et méritaient d'être
décrites et étudiées.

Grâce à l'obligeance des savants qui ont bien
voulu se charger de cette tâche et auxquels je suis
heureux d'offrir ici l'hommage de ma plus vive
gratitude, l'ensemble des fascicules que je réu-
nis dans ce volume, donnera un aperçu de la
« Faune et de la Flore » des régions que j'ai
parcourues.

G. RÉVOIL.

Voici quelle a été la répartition des études et analyses contenues dans cet ouvrage :

Races humaines	Dʳ T. E. HAMY, aide-naturaliste au Muséum.
Mammifères	J. HUET, aide-naturaliste au Muséum ;
Oiseaux	E. OUSTALET, aide-naturaliste au Muséum ;
Reptiles et batraciens	L. VAILLANT, profes. au Muséum;
Cyprinodons (poissons) . . .	Dʳ M.-H.-E. SAUVAGE, aide-naturaliste au Muséum ;
Mollusques terrestres et fluviatiles	J.-R. BOURGUIGNAT ;
Fossiles et observations géologiques . . . . , . . .	Dʳ T. de ROCHEBRUNE, aide-naturaliste au Muséum ;
Coléoptères	J. FAIRMAIRE, V. LANSBERG, BOURGEOIS ;
Plantes	A. FRANCHET ;
Etudes sur le poison des flèches comalis et ses effets physiologiques	Dʳ T. de ROCHEBRUNE et A. ARNAUD, préparateur au laboratoire du Muséum.

QUELQUES OBSERVATIONS

SUR

L'ANTHROPOLOGIE DES ÇOMALIS

PAR LE Dr E.-T. HAMY,

CONSERVATEUR DU MUSÉE D'ETHNOGRAPHIE, AIDE-NATURALISTE
AU MUSÉUM.

Les régions maritimes du continent africain, si
incomplètement connues qu'elles se présentent aux
ethnologues, ont presque toutes fourni à leurs études un certain nombre de documents positifs ; seul
le Çomal s'était montré complètement rebelle à ces
recherches spéciales, jusqu'à ces derniers temps.
On ne possède, en effet, des habitants de cette curieuse contrée, que des descriptions pittoresques (1),

(1) Cf. Burton (R. F.) *First Footsteps in East Africa, or an
Exploration of Harar*, London 1856, in-8°, ch. IV, p. 98, etc. —
Guillain, *Documents sur l'histoire, la géographie et le commerce
de l'Afrique Orientale.* 2ᵉ Partie, *Relations du voyage d'exploration à la côte Orientale d'Afrique par le brick* Ducouédic.
t. I et II, pass.

et quelques portraits daguerréotypés par Guillain représentent, seuls, son ethnographie dans nos collections nationales.

Avant de gagner à son tour ces régions difficiles, M. Georges Révoil s'était familiarisé avec les procédés les plus perfectionnés de la photographie. Il est parvenu à former chez les Medjourtines, les Ouarsanguélis, les Dolbohantes, etc.,etc., un magnifique album de types des deux sexes. Il a, en outre, réussi à se procurer, non sans danger, à cause du fanatisme des naturels, trois crânes de Medjourtines.

L'étude de ces pièces, l'examen des photographies qui les accompagnent, nous ont suggéré les observations que l'on va lire sur l'anthropologie du Çomal.

I.

La plupart des voyageurs qui ont touché un point quelconque des côtes africaines entre Bab-el-Mandeb et Magadoxo ou Brawa, s'accordent à considérer les indigènes qu'ils ont rencontrés comme présentant des physionomies extrêmement variées. Dès les temps reculés où le Çomal fut visité par la flotte de la reine Hashepsou (xviiie dynastie), cette diversité dans les types ethniques se manifestait déjà d'une manière accusée, et Mariette n'a point manqué d'appeler, sur ces variétés physionomiques, l'attention des ethnographes, dans les belles études qu'il a consacrées au temple de Deir-el-Bahari, où sont représentées les principales scènes du voyage des Egyptiens à la terre de Poun (1).

Les deux types principaux que distinguait Mariette dans les bas-reliefs de la xviiie dynastie, co-existent encore dans la région où les Egyptiens les ont, autrefois, découverts. Ils sont moins tranchés peut-être que ne les représentaient, alors, les artistes de Thèbes ; on passe de l'un à l'autre par des nuances presque insaisissables. Toutefois, si l'on met en présence les extrêmes de la série de portraits de la collection Révoil, les différences s'accentuent avec beaucoup d'énergie et l'on est amené à considérer l'un des types comme se rapprochant de celui des populations Kouschites, tandis que l'autre, sans être véritablement nègre, appartiendrait à un groupe plus ou moins négroïde.

Les deux figures que nous juxtaposons ci-contre mettent en évidence les caractères céphaliques propres à l'un et à l'autre des deux groupes. Le personnage de gauche, un Çomali Dolbohante, Ouarsama (fig. 1), se fait tout à la fois remarquer par un front lisse, arrondi et oblique, des narines massives et dilatées, des pommettes haut placées et saillantes, des lèvres épaisses et déroulées, un

______

(1) Aug. Mariette, *Deir-el-Bahari. Documents topographiques. historiques et ethnographiques recueillis dans ce temple pendant les fouilles,* etc. Leipzig, 1877, br. in-8° et atl. in-f°.

maxillaire supérieur quelque peu prognathe, un menton fuyant, enfin, un angle mandibulaire très

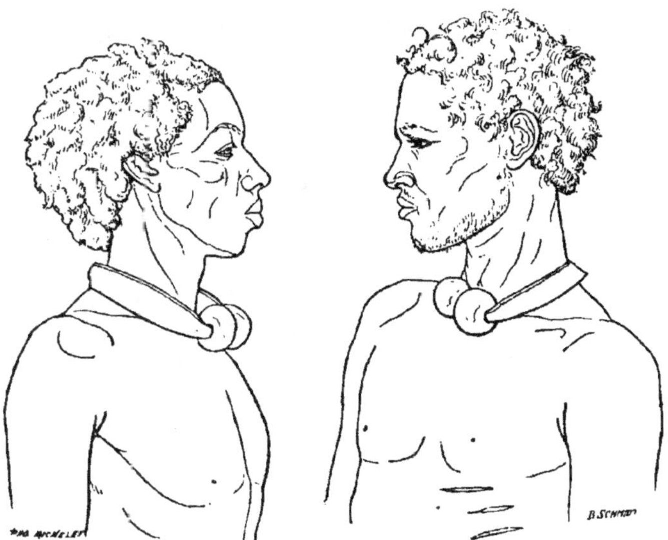

Fig. 1. Ouarsama.
Çomali Dolbohante.

Fig. 2. Goutalé-Ialé.
Çomali Dolbohante.

ouvert, au sommet duquel se dessine un talon extrêmement accusé. Tous ces traits tendent à rapprocher ce Dolbohante des nègres dont il se tient encore assez éloigné, cependant, par l'ensemble de sa physionomie.

Goutalé-Ialé, notre personnage de droite (fig. 2), quoique de la même tribu, nous présente, tout au contraire, un front haut et droit et une mâchoire supérieure à peine légèrement prognathe. Le nez, quelque peu busqué en son milieu, se termine en

un lobule finement découpé ; les pommettes sont
peu visibles, les lèvres ne dépassent pas une épaisseur moyenne, le menton, seulement un peu en re-
trait, complète un profil qui rappelle de bien près
ceux des Bedjâs de la basse Nubie.

Ce second type, plus ou moins modifié, se ren-
contrerait plus fréquemment que le premier, sui-
vant les observations de M. G. Révoil. Les Medjourtines, les Haouéas, les Dolbohantes, les Ouarsanguélis
que notre voyageur a photographiés, le présentent
presque constamment. Il a plutôt trouvé chez les
Haber-Aouel et les Haber-tel-Jalo, le premier type
qui n'apparaissait d'ailleurs, dans ces deux tribus,
que chez un petit nombre d'individus.

M. Révoil a distingué les deux types, chez les
femmes, comme chez les hommes. Une des jeunes
filles, dont la figure ci-jointe reproduit les profils,
rappelle, à bien des égards, le Dolbohante
Ouarsama, tandis que l'autre montre les traits
anoblis de la race supérieure à laquelle Goutalé-
Ialé appartient sans aucun doute.

Hommes et femmes se font remarquer, presque
tous, par le beau développement du torse. Le cou
mince, un peu long, est finement attaché, les épaules sont larges, aux muscles ronds et fermes ; la
poitrine est ample et robuste et les seins, que l'allai-
tement n'a point encore déformés, ne présentent ni
le développement pyriforme, ni l'hypertrophie du
mamelon si souvent observés dans les races africaines.

Les bras s'allongent un peu trop peut-être chez

certains sujets. Le bassin est toujours étroit par
rapport aux épaules et les jambes fusiformes font,

Fig. 3. Une jeune femme Çomali atteinte de stéatopygie (d'après
une photographie de M. Révoil).

dans bon nombre de cas, avec le torse si bien déve-
loppé, un contraste qui choque l'œil.

L'*ensellure sacro-lombaire* et la *stéatopygie* ne
sont point rares chez les femmes. Nous en donnons
ci-contre deux exemples. On peut voir s'accentuer,

sur ces dessins au trait, quelque insuffisants qu'ils puissent être, la courbure lombo-sacrée, et s'exagé-

Fig. 4. Jeune femme Çomali, atteinte de stéatopygie et d'ensellure sacro-lombaire (d'après une photographie de M. G. Révoil.

rer la saillie des convexités fessières (1), masses fi-

(1) « Ces deux derniers, dit M. G. Révoil (*Revue d'Ethnographie*, T. I, p. 237, Mai 1882), ne montrent pas les cas les plus accentués que j'ai rencontrés sur ma route. Il m'a été impossible de rapporter des copies fidèles des spécimens tout à fait extraordinaires que j'ai plusieurs fois aperçus. »

bro-graisseuses tout à fait identiques à celles que portent les femmes Bosjesmanes de race pure et qui se prolongent, comme chez celles-ci, sur la face antérieure des cuisses, en une lame épaisse qui ne s'arrête guère qu'au voisinage du genou.

Les photographies d'après lesquelles ont été faits les deux dessins reproduits ci-dessus, fournissent un commentaire des plus intéressants aux bas-reliefs de Deir-el-Bahari, qui représentent la famille du chef de Poun. On sait que la femme et la fille de ce personnage montrent à des degrés divers, une conformation assez semblable à celle dont M. G. Révoil prouve ainsi l'existence chez les femmes du Çomal moderne.

Je ne parlerai point des caractères d'ordre secondaire que l'on peut encore relever dans les albums de M. G. Révoil, pour arriver de suite à l'examen des crânes dont cet explorateur a enrichi les collections du Muséum de Paris.

II.

J'ai déjà dit que ces crânes, recueillis en Medjourtine, sont au nombre de trois. Ces trois pièces, incomplètes et brisées.

Elles ont appartenu à un homme et à une femme adultes, et à un jeune enfant ayant terminé sa première dentition.

Le .crâne de l'homme (fig. 5) est long, haut et étroit (1) ; son diamètre antéro-postérieur

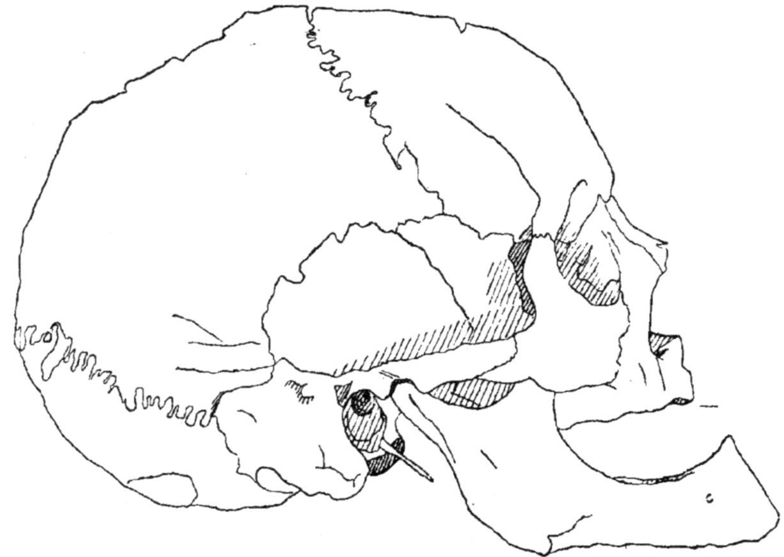

Fig. 5. Crâne d'homme adulte de la tribu des Çomalis Medjourtines *vu de profil*. (Pris à Bender-Meràya.)

maximum n'atteint pas moins de $0^m,193$, son diamètre transverse est de $0^m, 128$ seulement, et l'indice céphalique, c'est-à-dire le rapport centésimal de la seconde de ces dimensions à la première, dépasse à peine 66 (66,32); d'autre part, la hauteur basilo-bregmatique l'emporte de 13 millimètres sur la largeur, et le rapport en centièmes de l'une des mesures à l'autre s'élève à plus de 110 (110,15). Le

(1) Cf. *Crania Ethnica*, p. 508.

sujet est donc tout à la fois, extrêmement dolichocéphale (1) et, franchement, hypsisténocéphale (2).

A ce double titre il se rapproche bien plus des
vrais nègres et de certains Éthiopiens que des Égyp-
tiens, dont la dolichocéphalie est toujours plus mo-
dérée et qui ne sont jamais hypsisténocéphales.

Ses courbes antéro-postérieures sont d'ailleurs
assez harmonieuses. Le front s'élève régulièrement
et sans incurvation trop brusque jusqu'au bregme
situé très haut, comme on vient de le voir, et en
arrière duquel s'allongent non moins régulières
les courbes pariétales et occipitales.

Les bosses de la voûte crânienne sont toutes d'un
développement médiocre et assez mal circonscrites.
Les arcs sourciliers sont bien dessinés mais n'offrent
point de saillie bien sensible; les courbes latérales
du front vont en fuyant vers les tempes, qui s'ef-
facent à leur tour aussi bien que les tubérosités
pariétales.

Les régions latérales et inférieures du crâne ne
présentent rien de spécial. La face a quelque chose
de massif et de lourd, surtout dans ses pommettes
et son arc maxillaire. L'écartement des orbites
atteint $0^m,026$, ces deux cavités se montrent presque
aussi hautes ($0^m,037$) que larges ($0^m,038$), et le sque-

(1) Δολιχός, long ; κεφαλή, tête.

(2) Ce terme introduit dans la nomenclature par M. J.-B. Davis,
signifie *tête étroite et haute*. J'ai proposé d'en restreindre l'emploi
pour distinguer les crânes dont la hauteur l'emporte sur la largeur et dont l'indice de hauteur dépasse par conséquent 100.

lette nasal, large (0^m,029) pour sa hauteur (0^m,053), donne l'indice 54,71, indice platyrhinien (1) un peu inférieur à celui des populations nubiennes (56,34).

Les arcades zygomatiques sont épaisses et robustes, et le diamètre correspondant, qui mesure la largeur totale du visage, atteint 0^m,133. La hauteur de la face s'élevant à 0^m,094, l'indice se chiffrera par 70,67, le même indice chez les Nubiens est de 69,76. La mâchoire inférieure est lourde et massive, son angle postérieur ne présente point de talon et le menton bien dessiné fait une forte saillie en avant, saillie exagérée considérablement, d'ailleurs, par la chute des dents qui avaient disparu, bien avant la mort du sujet, puisque les alvéoles en sont complètement résorbées.

Le crâne de la femme (fig. 6) présente à peu près les mêmes proportions générales que celui de l'homme. Son indice céphalique est en effet de de 68,68 (d. a. p. 0^m,182 ; d. max. 0^m,125), extrêmement dolichocéphale, par conséquent. Le développement vertical que la destruction de toute la base du crâne ne permet point de mesurer exactement, est un peu moins accentué, que nous ne l'avons vu chez le sujet masculin. Les courbes générales sont d'ailleurs presque les mêmes, et les différences que l'on y relève et dont la plus remarquable tient au surbaissement du bregme que je viens de signaler, sont toutes de l'ordre sexuel. Ainsi, les arcs sourciliers, d'ailleurs bien dessinés,

(3) πλατύρ ρις, ινος, de πλατύς, large, et ρις, narine.

ne forment presque plus de saillie, les bosses fron-
tales sont plus détachées et plus saillantes, et présentent cet aspect enfantin qu'elles offrent souvent
dans les races africaines. A la face les différences
sont beaucoup plus accentuées ; la racine du nez est
faiblement saillante et les branches montantes des
maxillaires supérieurs se relèvent et se recourbent
en une voûte assez bien dessinée dont l'extrémité

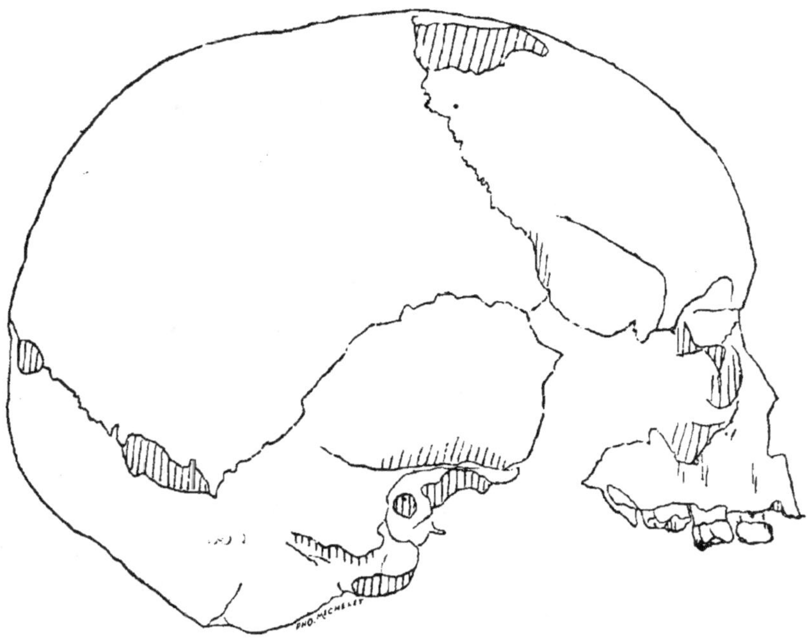

Fig. 6. Crâne de femme adulte de la tribu des Çomalis
Medjourtines, *vu de profil*. (Pris à Bender-Khor.)

des os nasaux complète le cintre. Les orbites sont

bien moins hauts (0^m, 032) quoique presque aussi larges (0^m, 037). Le nez est fin et étroit (0^m,021), et son indice lui attribue une leptorhinie (1) voisine de celle des Arabes (ind. nas. 46,66). Les détails de l'ossature du visage sont d'ailleurs bien accentués. J'allais oublier de signaler la minceur et la compacité des os du crâne et de la face, qui font un contraste très frappant avec l'épaisseur et la grossièreté de tissu que présentait la tête masculine.

Les maxillaires supérieur et inférieur sont d'une grande finesse, et les dents qu'ils portent sont bien plantées et de proportions régulières.

Le crâne d'enfant Medjourtine (fig. 7), ramassé par M. Révoil, est surtout remarquable par les proportions qu'il présente. On sait que très généralement la tête de l'enfant est relativement globuleuse et que c'est lentement, par le progrès de l'âge, qu'elle acquiert ses proportions ethniques. Chez les nègres africains, presque tous dolichocéphales, à des degrés divers, le crâne de l'enfant est le plus souvent sous dolichocéphale ou mésaticéphale (2). Or, sur la pièce que nous avons sous les yeux et qui a appartenu à un jeune sujet n'ayant pas encore commencé sa seconde dentition, l'indice céphalique est déjà de 70,37 (d. a. p. 0^m,162 ; d. tr. max. 0^m.114).

(1) λεπτός, fin ; ρ ίς, narine.

(2) J'ai mesuré, au Muséum, l'indice céphalique de sept jeunes nègres africains de diverses races, il est en moyenne de 75,75, et descend chez le plus dolichocéphale de ces sujets à 73,59 pour monter chez deux autres à 77,84 et 78.

Son évolution en hauteur n'est pas moins remarquable ; l'indice vertical atteint, en effet, 108,77 (d. bas. bregm. $0^m,124$) (1).

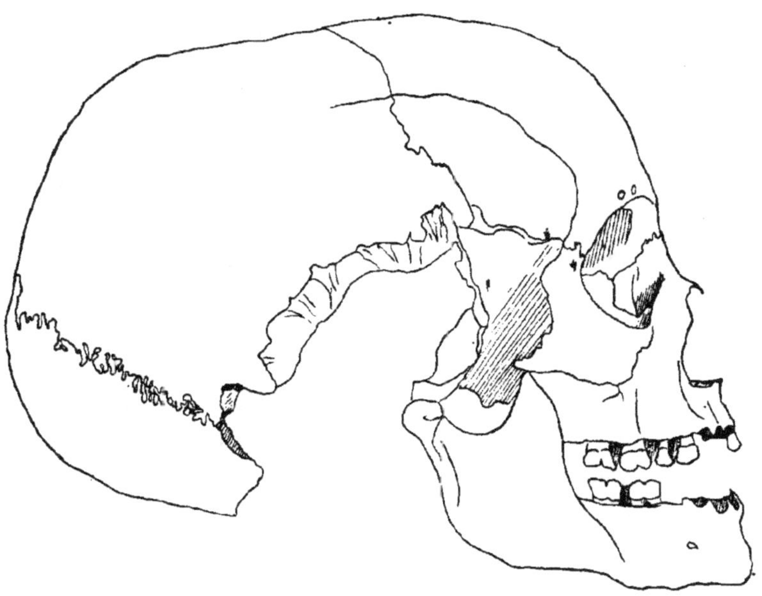

Fig. 7. Crâne d'enfant Çomali, de la tribu des Medjourtines, *vu de profil.* (Pris à Bender-Gàsem.)

Le squelette facial n'offre rien de bien spécial (2).

(1) L'indice vertical moyen de quatre des jeunes nègres susmentionnés (les autres ont la base fracturée) ne dépasse pas 95.

(2) Il n'est pas inutile de faire remarquer que les trois figures de crâne qui viennent de passer sous les yeux du lecteur ne sont point exactement comparables; le dessinateur, au lieu de les réduire *à la même échelle,* leur ayant donné *les mêmes dimensions antéro-postérieures.* Les contours en sont d'ailleurs très fidèlement reproduits, mais à des échelles fort diverses.

L'examen rapide des quelques pièces de la collection Révoil confirme, dans une certaine mesure, les idées que suggérait l'examen des photographies sur les variations étendues de la population du Çomal. D'après les pièces qui viennent d'être étudiées, ces variations porteraient bien plutôt, d'ailleurs, sur la face que sur le crâne, et on a vu que l'échelle en est assez étendue pour nous transporter d'un extrême à l'autre, ou bien peu s'en faut, dans la série des indices les plus caractéristiques.

Il faudrait, pour aller plus loin dans cette étude et aborder avec fruit des comparaisons utiles, il faudrait, dis-je, posséder une collection plus étendue, et formée de pièces en meilleur état de conservation. Ce sera, je l'espère bien, l'un des résultats du nouveau voyage que M. G. Révoil se propose d'entreprendre bientôt, dans cette Afrique orientale si curieuse et si mal connue.

Principales mesures de deux crânes de Çomalis Medjourtines comparés à ceux de vingt-quatre Nubiens d'Éléphantine et d'un Barabra.

	ÇOMALIS.		BARABRA.	NUBIENS.
	♂	♀		
Capacité crânienne............	»	»	»	1,320
Circonférence horizontale......	526	490	526	503
Diamètre antéro-postérieur max.	193	182	189	180
— transverse maximum..	128	125	132	132
— basilo-bregmatique....	141	»	144	133
— frontal maximum.....	114	108	120	107
— — minimum	95	88	103	94
— biorbitaire externe....	107	99	110	109
— bizygomatique........	133	114	129	129
Hauteur de la face.............	94	85	95	90
Longueur du nez...............	53	45	54	47
Largeur du nez................	29	21	28	26
Hauteur de l'orbite............	37	32	33	32
Largeur de l'orbite............	38	37	39	29

Dr E. T. HAMY.

* 9 7 8 2 0 1 3 5 6 3 1 3 0 *